Claudious Gufe

Contaminação microbiana do peixe, da carne e dos produtos à base de carne no Zimbabué

Claudious Gufe

Contaminação microbiana do peixe, da carne e dos produtos à base de carne no Zimbabué

ScienciaScripts

Imprint
Any brand names and product names mentioned in this book are subject to trademark, brand or patent protection and are trademarks or registered trademarks of their respective holders. The use of brand names, product names, common names, trade names, product descriptions etc. even without a particular marking in this work is in no way to be construed to mean that such names may be regarded as unrestricted in respect of trademark and brand protection legislation and could thus be used by anyone.

Cover image: www.ingimage.com

This book is a translation from the original published under ISBN 978-620-2-31800-6.

Publisher:
Sciencia Scripts
is a trademark of
Dodo Books Indian Ocean Ltd. and OmniScriptum S.R.L publishing group

120 High Road, East Finchley, London, N2 9ED, United Kingdom
Str. Armeneasca 28/1, office 1, Chisinau MD-2012, Republic of Moldova, Europe
Printed at: see last page
ISBN: 978-620-8-02209-9

Índice

CAPÍTULO 1

AVALIAÇÃO MICROBIANA DE FRANGO, CARNE PICADA E SALSICHAS VENDIDAS EM MERCADOS INFORMAIS SELECCIONADOS EM HARARE, ZIMBABUÉ

Resumo

O objetivo da investigação era avaliar a carga microbiológica do frango, da carne picada e das salsichas vendidas nos mercados informais de Harare, no Zimbabué. A análise baseou-se na determinação do conteúdo microbiológico de amostras de frango, carne picada e salsichas. As amostras foram recolhidas em três locais diferentes, nomeadamente Mufakose, Machipisa e Mbare. Estas amostras foram colhidas em lotes de 3. As amostras foram analisadas para contagem total de bactérias, contagem de coliformes e *E.coli* e deteção de bactérias patogénicas como *Staphylococcus aureus, E.coli* e espécies de *Samonella*, e identificação de fungos. Os métodos utilizados foram o plaqueamento, a cultura (estrias) e o teste bioquímico, de acordo com os procedimentos operacionais normalizados da secção de Bacteriologia do Laboratório Veterinário Central. As contagens médias de TBC, TCC e TEC variaram entre 3,0 $*10^3$ e 6,0 $*10^6$, 1,0x102 e 1,0 x10^6 e 3,0x101 e 1,0 x10^6 respetivamente. Foram isoladas espécies *de E.coli, S.aureus, Klebseilla pneumoniae, Proteus mirabilis, Citrobactor, Enterobacter, Streptococcus faecalis* e Staphylococcus coagulase negativa. Relativamente aos fungos, foram isolados *Aspergillus niger, Aspergillus fumigatus, Aspergillus flavus, Mucor* e *Rhizopus*. Os resultados obtidos mostraram que todas as amostras analisadas não estavam em conformidade com as normas regulamentares. Os números elevados de contagem total de bactérias, coliformes e presença de *E. coli* indicam contaminação, tornando os produtos à base de carne impróprios para consumo humano. A partir dos resultados, concluímos que o frango, a carne picada e os enchidos vendidos nos mercados informais representam um elevado risco para a saúde dos consumidores.

INTRODUÇÃO

A carne é um termo amplo utilizado para designar a carne de mamíferos e é geralmente consumida por seres humanos e outros organismos carnívoros (Adak, G.K., Meakins, S.M., Yip, H., Lopman, B.A., O'Brien, S.J. 2005). A carne crua ou não processada estraga-se ao fim de algumas horas ou dias devido à contaminação por microrganismos, como bactérias e fungos, que teriam começado a crescer nela (Lonergan, 2005). As bactérias que estão associadas à deterioração da carne adquirida durante o abate, a embalagem, o transporte ou a venda incluem *Salmonela spp., Shigella spp. Staphylococcus aureus, Staphylococcus epidermis, Streptococci, Clostridium pefringes, Bacillus cereus , Bacillus proteus, Escherichia coli, Campylobacter,* etc (Adak *et al.,* 2005). Os fungos ou bolores que normalmente infectam a carne incluem

Penicillium, Mucor, Cladosporin, Sporotridium e Thamnidium (Clarence et al., 2009). Quando estes micróbios infectam um pedaço de carne, começam a multiplicar-se e acabam por decompor a carne, deixando para trás toxinas que causam intoxicação alimentar (Lonergan, 2005). A carne crua é, portanto, um nicho ecológico para muitos géneros de bactérias. A carne crua (carne picada e enchidos) é um meio de crescimento ideal para as bactérias porque tem um elevado teor de humidade, é rica em proteínas e contém hidratos de carbono fermentáveis. A inspeção sistemática da carne (ante-mortem e post-mortem) garante que a carne infetada é completamente eliminada, pelo que os consumidores geralmente encontram estas infecções através da deterioração exógena da carne (Mboto et al., 2012).

As doenças de origem alimentar ou a deterioração microbiológica dos alimentos podem resultar da falha ou incapacidade de controlar os microrganismos numa ou mais fases da produção alimentar. Por conseguinte, os testes microbiológicos em várias fases da produção alimentar são relevantes para revelar e compreender as tendências caraterísticas da distribuição da contaminação microbiológica (ICMSF, 2011; Schaffner, 2007; Burlingame e Pineiro, 2007; IFST, 1997). As doenças de origem alimentar são doenças resultantes da ingestão de bactérias, toxinas e também células produzidas por microrganismos presentes nos alimentos (Clarence *et al.,* 2009).A intensidade dos sinais e sintomas pode variar com a quantidade de alimento contaminado ingerido e a suscetibilidade dos indivíduos à toxina. A carne e os produtos à base de carne são por vezes contaminados com germes depois de deixarem a fábrica e durante o manuseamento (Stagniitta *et al.,* 2006). As condições de higiene são fracas quando os alimentos são produzidos em estabelecimentos não industriais, principalmente devido ao controlo insuficiente durante o processamento.

É comummente sugerido que os microrganismos podem entrar na preparação de carne, como carne picada e salsichas, a partir da carne, especiarias e outros ingredientes, bem como do ambiente de processamento, equipamento e manipuladores que podem ter um impacto significativo no estado microbiológico dos produtos finais. Em geral, o aquecimento durante o processamento tecnológico de produtos de carne é uma ferramenta eficaz para reduzir a contagem microbiana dos produtos finais (Gungor, 2010). Devido aos actuais desafios económicos no Zimbabué, a maioria das pessoas não pode comprar carne devido aos preços elevados que não correspondem aos seus baixos rendimentos. Ao mesmo tempo, as elevadas taxas de desemprego actuais fizeram com que muitas pessoas recorressem ao comércio informal, o que as levou a procurar diferentes formas de gerar rendimentos rapidamente. Isto levou a que muitos vendedores de alimentos entrassem nos mercados informais de carne e a maioria das pessoas, especialmente nos subúrbios de alta densidade, recorreu a comprar-lhes carne devido aos preços mais baixos. A carne dos vendedores de alimentos está fácil e prontamente disponível nas lojas locais, a uma distância que pode ser percorrida a pé, perto das casas das pessoas. Não são efectuados testes de qualidade à carne picada e aos enchidos produzidos informalmente, o que coloca os consumidores em grande risco, uma vez que a carne e os produtos à base de carne são a fonte alimentar mais comum responsável pelo surto de doenças gastroenteríticas (Jatali, *et al.*, 2008). No entanto, as pessoas não estão a ter isto em consideração porque são seduzidas pelo preço baixo e pela necessidade de alimentar as suas famílias com esta fonte de proteínas barata, que custa 0,60 dólares por porção capaz de alimentar uma família de quatro pessoas. Em Harare, há uma elevada incidência de doenças gastrointestinais (diarreia), com vários casos de febre tifoide e doenças relacionadas, bem como noutras zonas do Zimbabué (J. Jiri, *ZimEye*, 1 de março de 2012; F. Nlela, *NewsDay*, 21 de julho de 2014) onde se pratica este tipo de comércio informal. Muito poucas incidências de doenças de origem alimentar são registadas e comunicadas. Foi neste contexto que os investigadores realizaram uma avaliação microbiana de carne picada e salsichas vendidas em mercados informais selecionados em Harare.

Os mercados informais de carne, na maioria dos casos, vendem carne a preços mais baixos e os segmentos pobres da população do Zimbabwe estão mais inclinados a comprar carne barata. No entanto, é mais provável que os proprietários destes mercados informais representem um risco para a saúde humana, uma vez que, normalmente, não estão totalmente equipados para efetuar todos os testes e procedimentos necessários durante a inspeção da carne e não têm credibilidade no fornecimento de carne saudável à sociedade. As práticas não higiénicas de manuseamento da carne nos mercados informais de carne picada podem contribuir para um nível inaceitável de cargas microbianas na carne picada e nos enchidos. Alguns dos factores que contribuem para a falta de higiene incluem: falta de instalações para a lavagem das mãos, limpeza deficiente e falta de esterilização do equipamento e dos utensílios de transformação da carne picada, falta de armazenagem frigorífica, instalações de transporte inadequadas e falta de higiene pessoal. Estes factores abrem caminho à contaminação microbiana da carne picada, constituindo assim um risco para a saúde dos consumidores. Por conseguinte, era importante efetuar um estudo como este para determinar os riscos para as pessoas que consomem carne proveniente de mercados informais.

A carne é uma fonte importante de proteínas na dieta humana, mas é, no entanto, um veículo potencial para a transmissão de doenças de origem alimentar. É um dos alimentos mais perecíveis que potencialmente contêm bactérias patogénicas que são prejudiciais para os seres humanos, pelo que constitui um fator de risco na propagação de bactérias e de certas doenças que estas causam. Foram realizados vários estudos em todo o mundo sobre diferentes tipos de carne crua comprada em matadouros ou em pontos de venda a retalho, com muitos objectivos, e a maioria destas investigações indicou a presença de bactérias na carne crua, o que suscita preocupações quanto à segurança alimentar. Por conseguinte, é importante efetuar um estudo deste tipo na minha área local, de modo a descobrir a extensão da segurança alimentar na nossa sociedade (Yousef, A.H.M., Ahmed, M.K., Yeasmin, S., Ahsan, N., Rahman, M.M., Islam, M.M., 2008). O perigo da carne crua é que, quando embalada, pode parecer palatável a olho nu, mas pode ainda conter bactérias patogénicas.

O fornecimento de carne e de produtos à base de carne seguros é muito importante para a saúde pública e, à luz de todos os factores acima mencionados, esta investigação ajudará a obter informações relevantes que podem ser transmitidas às autoridades de saúde pública, que podem chegar e educar os consumidores sobre os perigos envolvidos na compra de carne picada e de enchidos em mercados informais. O objetivo da investigação foi realizar uma análise de tendências para revelar prováveis lacunas e deficiências na monitorização da contaminação microbiológica de frango, carne picada e enchidos vendidos em mercados informais em Harare, no Zimbabué. Partimos da hipótese de que existe uma carga microbiana insignificante no frango, na carne picada e nos enchidos dos mercados informais de Harare. Existe uma longa cadeia de custódia na produção de frango, carne picada e salsichas, sendo o vendedor o último da linha. É possível que a contaminação possa provir de qualquer ponto da cadeia de valor, por exemplo, do fornecedor de carne de bovino, dos manipuladores de carne, do equipamento, das superfícies de trabalho e também do próprio consumidor, ao manusear a carne picada e os enchidos até ao ponto de consumo. No entanto, este tipo de investigação exaustiva exige tempo e recursos financeiros que são um limite para os investigadores e também não existem fundos suficientes para comprar reagentes suficientes para efetuar o ensaio completo dos micróbios. Além disso, os vendedores podem não estar dispostos a revelar as suas fontes de frango, carne picada e salsichas.

Materiais e métodos

Conceção do estudo e amostragem

A conceção do estudo foi um estudo transversal e a base de amostragem para este estudo foi constituída por três pontos de venda informais a retalho em três locais diferentes de Harare, selecionados aleatoriamente. Os investigadores começaram por visitar as zonas selecionadas, nomeadamente Mufakose, Machipisa e Mbare. A amostragem aleatória simples, em combinação com a amostragem sistemática, foi aplicada na recolha de amostras (Mboto *et.al,* 2012), em que os vendedores foram primeiro contados e apenas os números pares foram amostrados em cada local de venda, tendo sido repetido três vezes. As amostras foram recolhidas em lotes em três dias diferentes. Foram adquiridas dez amostras por lote, três de Mufakose (Vendedor 1-3), três de Machipisa (Vendedor 4-6) e depois quatro de Mbare (Vendedor 7-10). O processo foi repetido três vezes para perfazer o número total de 30 amostras de carne picada. O mesmo foi feito para a salsicha e o frango, de modo a obter um total de 90 amostras combinadas. Todas as amostras foram transportadas para o CVL numa caixa de gelo e testadas imediatamente à chegada ou armazenadas a 4° C durante um máximo de 24 horas até serem analisadas.

Isolamento e identificação de rotina geral de bactérias

Foram pesadas 5 gramas de cada carne picada, salsichas e frango e colocadas em 10 ml de água peptonada e incubadas durante 24 horas a *37 °C*. Após a incubação, uma alçada da mistura da amostra e da água peptonada foi semeada em ágar-sangue (BA) e ágar MacConkey (MAC) e incubada aerobicamente e anaerobicamente a 37 *°C* durante 24 horas (Quinn, 1994). As placas incubadas foram retiradas da incubadora no dia seguinte e as placas foram observadas quanto à morfologia macroscópica das bactérias, incluindo hemólise, forma, cor, etc. As bactérias foram identificadas de acordo com a morfologia, a coloração de Gram e os testes bioquímicos, como a oxidase, a catalase, a motilidade, etc.

Isolamento e identificação de *Salmonella spp*

Foram pesados 25 gramas de carne picada, frango e salsichas e colocados num meio de pré-enriquecimento de 225 ml, que é água peptonada tamponada (BPW), e *incubados aerobicamente a* 37°c ±2°c *durante 24 horas (Quinn, 1994). Após a incubação,* 1 ml da mistura BPW da amostra foi transferido para um meio de enriquecimento que *é Rappaport Vassiliadis (RV) e incubado aerobicamente a* 37°c ±2°c *durante 24* horas. Uma alçada do RV foi subcultivada em meio seletivo Xylose Lysine *Deoxycholate (XLD) agar e incubada aerobicamente a* 37°c ±2°c *durante 24 horas* (Quinn, 1994). As placas de XLD foram examinadas para detetar colónias vermelhas ou cor-de-rosa com centros negros (suspeitas de Salmonella) (Quinn, 1994). Foram efectuados testes bioquímicos, ou seja, testes de triplo açúcar de ferro (TSI), ureia, lisina/decarboxilase e serotipagem de *Salmonella* em todos os suspeitos (Quinn, 1994).

Isolamento de *Campylobacter spp*

Foram pesados 5 gramas de cada carne picada, frango e salsichas e colocados em 10 ml de água peptonada e incubados durante 24 horas a *37° C*. Após a incubação, uma alçada da mistura da amostra e da água peptonada foi semeada em ágar sangue (BA), *ágar Skirrows e ágar Campylobacter e incubada anaerobicamente a* 37°c ±2°c durante um máximo de 5 dias, se não houver crescimento, e são utilizadas saquetas geradoras de gás Campylobacter para criar as condições anaeróbias (Quinn, 1994). As colónias suspeitas são submetidas a coloração de gram e a presença de bastonetes gram-negativos em forma de coma ou sigmoide indica *Campylobacter* e são efectuados testes bioquímicos como no isolamento de bactérias

Deteção de *espécies de Listeria*

25 g de carne picada, salsichas e frango foram cortados e colocados em caldo seletivo para listeria e incubados durante 24 horas a 37°c. Após a incubação, o caldo foi semeado em ágar seletivo para listeria e incubado durante 24 horas a 37°c (Quinn, 1994). Testes bioquímicos como a motilidade, a catalase, a oxidase, etc., em todas as colónias suspeitas.

Identificação de bactérias

As bactérias foram identificadas utilizando caraterísticas morfológicas como a cor da colónia, hemólise, forma da colónia e crescimento em ágar MacConkey, etc., coloração de Gram e testes bioquímicos como indol, catalase, oxidase, motilidade, etc., bem como fermentação de diferentes açúcares. A figura 1 abaixo ilustra alguns dos testes bioquímicos realizados para identificar os isolados bacterianos apresentados na secção de resultados.

Contagem bacteriana total

Foram pesados 10 gramas de carne picada, salsichas e frango num recipiente limpo e rotulado, 90 ml de solução salina tamponada com fosfato (PBS) e homogeneizados. Transferiu-se 1 ml do homogenato para um recipiente de 10^{-2} com 9 ml de PBS, misturou-se e transferiu-se novamente 1 ml para 10^{-3} até 10^{-6} séries de diluição. Em seguida, transferiu-se 1 ml de cada recipiente da série de diluições para uma placa de Petri etiquetada. De seguida, verteu-se cerca de 20 ml de ágar para contagem de placas (PCA), agitou-se e esperou-se que solidificasse. Quando as placas solidificaram, foram então incubadas aerobicamente a 30°C durante 48-72 horas. Foi feita a contagem das colónias na placa de diluição mais elevada que apresentava crescimento bacteriano e os resultados foram calculados e registados. Apenas as placas com 30-300 colónias foram consideradas (AOAC, 1995).

Contagem de coliformes totais

Foram pesados 10 gramas de carne picada, frango e salsichas num recipiente limpo e rotulado, 90 ml de solução salina tamponada com fosfato (PBS) e homogeneizados. Transferiu-se 1 ml do homogenato para um recipiente de 10^{-2} com 9 ml de PBS, misturou-se e transferiu-se novamente 1 ml para 10^{-3} até 10^{-6} séries de diluição. Transferiu-se então 1 ml de cada recipiente da série de diluições para uma placa de Petri etiquetada. De seguida, verteu-se cerca de 20 ml de ágar MacConkey (MA), agitou-se e aguardou-se que solidificasse. Quando as placas solidificaram, foram então incubadas aerobicamente a 37 ° c durante 24 horas. Foi feita a contagem das colónias cor-de-rosa na placa de diluição mais elevada que apresentava crescimento bacteriano e os resultados foram calculados e registados após a realização de testes bioquímicos para confirmar que se tratava de coliformes, nomeadamente motilidade, citrato e indol.

Contagem total de *E.coli*

Foram pesados 10 gramas de carne picada, frango e salsichas num recipiente limpo e rotulado, 90 ml de solução salina tamponada com fosfato (PBS) e homogeneizados. Transferiu-se 1 ml do homogenato para um recipiente de 10^{-2} com 9 ml de PBS, misturou-se e transferiu-se novamente 1 ml para 10^{-3} até 10^{-6} séries de diluição. Transferiu-se então 1 ml de cada recipiente da série de diluições para uma placa de Petri etiquetada. De seguida, verteu-se cerca de 20 ml de ágar MacConkey (MA), agitou-se e aguardou-se que solidificasse. Quando as placas solidificaram, foram então incubadas aerobicamente a 44°C durante 24 horas. Procedeu-se à contagem das colónias cor-de-rosa na placa de diluição mais elevada que apresentava crescimento bacteriano e os resultados foram calculados e registados após a realização de testes bioquímicos para confirmar que se tratava de coliformes, nomeadamente motilidade, citrato e indol.

Os controlos positivo e negativo foram processados em paralelo com as amostras e os resultados serão considerados quando os controlos positivos crescerem e os controlos negativos não mostrarem qualquer crescimento. Os meios foram preparados de acordo com as instruções do fabricante.

Cálculo dos resultados

O número de colónias foi multiplicado pelo fator de diluição e dividido pelo peso da amostra, sendo reportado como o número de organismos por grama de alimento. Uma vez que nem todas as células crescem num determinado conjunto de condições, a contagem foi referida como unidades formadoras de colónias (CFU) por grama de alimento (amostra) (Vanderzant e Splittstoesser, 1992).

Fórmula

Número de colónias x fator de diluição recíproco x quantidade utilizada = Unidade formadora de colónias (UFC) por grama de amostra; por exemplo, TBC 20 colónias em 10^{-2} 20 x 100 x 1= 2, 0 x 10^{3} UFC/g

Resultados
Isolamento de bactérias

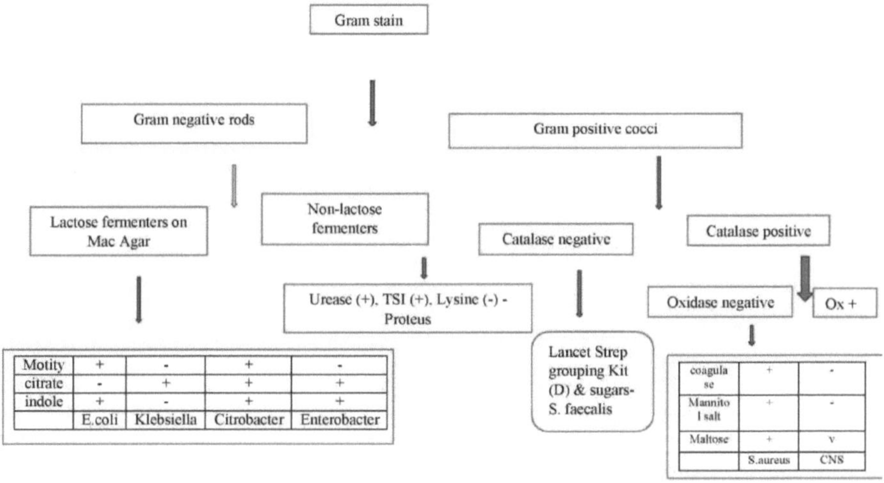

Fig 1: Diagrama de fluxo mostrando alguns testes bioquímicos utilizados para identificar diferentes isolados bacterianos

Suspeitou-se que as bactérias isoladas em várias amostras eram *S. aureus, E. coli, Klebsiella* spp., *Citrobacter* species, *Enterobacter* species, *Proteus mirabilis* e *Streptococcus faecalis*. Os controlos de *S. aureus, Proteus mirabilis, Streptococcus faecalis* e *E. coli* foram utilizados durante os testes bioquímicos. Os fungos isolados eram suspeitos de serem espécies de Mucor, Rhizopus e Aspergillus. O número de bactérias e fungos isolados dos três produtos à base de carne é apresentado na figura 1 abaixo

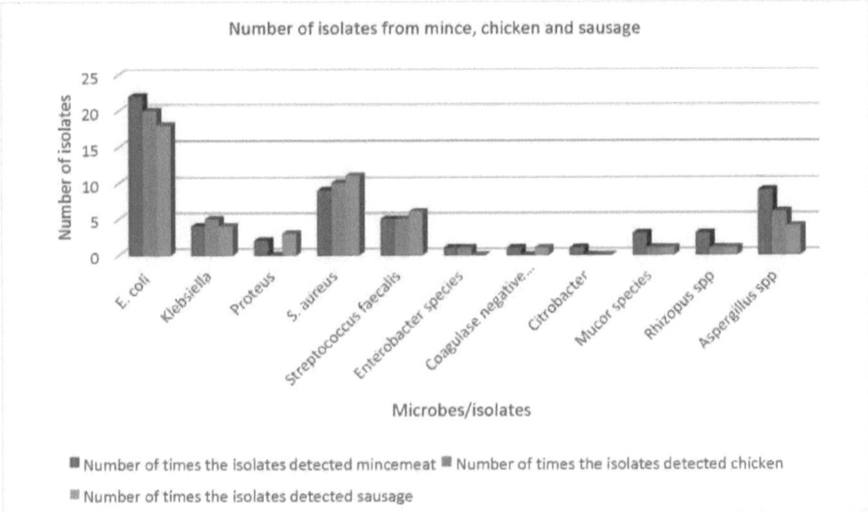

Fig 2: Número de micróbios isolados dos três produtos à base de carne.

Frequência de bactérias isoladas

As frequências de bactérias e fungos isolados foram expressas como prevalência percentual global de todos os tipos de amostras, ou seja, frango, salsicha e carne picada, como se mostra na Fig. 2 abaixo. *A E. coli* registou a frequência mais elevada (38%), seguida de *S. aureus* (19%) e de espécies de Aspergillus (12%). Alguns organismos como Citrobacter, espécies de Staphylococcus coagulase negativo e espécies de Enterobacter têm uma taxa de prevalência de 1%.

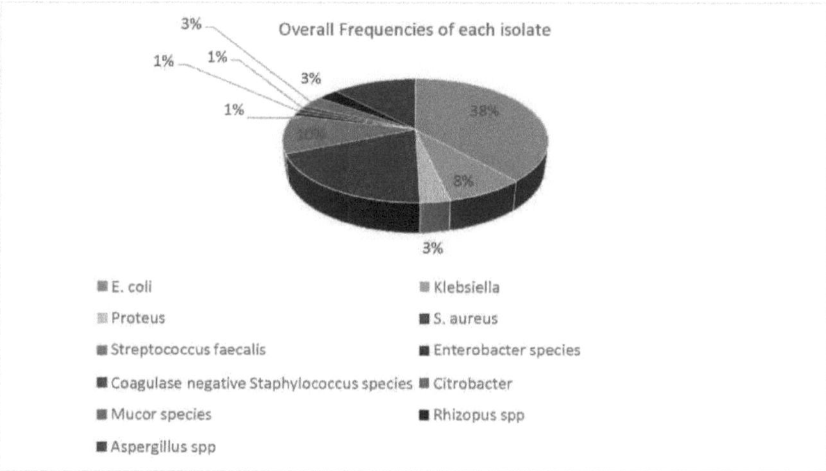

Fig. 3: Taxas globais de prevalência de bactérias e fungos suspeitos em todos os tipos de amostras.

Contagem total de bactérias viáveis

O controlo positivo teve uma contagem total de bactérias (TBC) de 7,8 x 10^6 cfu/ml e o controlo negativo não teve crescimento. O TBC médio dos três produtos à base de carne e dos três locais é apresentado na Fig. 4 abaixo, sendo que as salsichas apresentam o número mais elevado de TBCs, especialmente em Mbare, seguidas do frango e da carne picada. Alguns dos TBC dos três produtos à base de carne estavam dentro dos TBC recomendados de menos de 1,0 x $10^{л}$ 6, exceto as salsichas do vendedor 10 em Mbare, do vendedor 8 em Mbare, do vendedor 2 em Mufakose e do vendedor 3 em Mufakose e o frango do vendedor 10 em Mbare e do vendedor 9 em Mbare, que têm valores médios de TBC superiores a 1,0 x 10л6 e não são seguros para consumo humano.

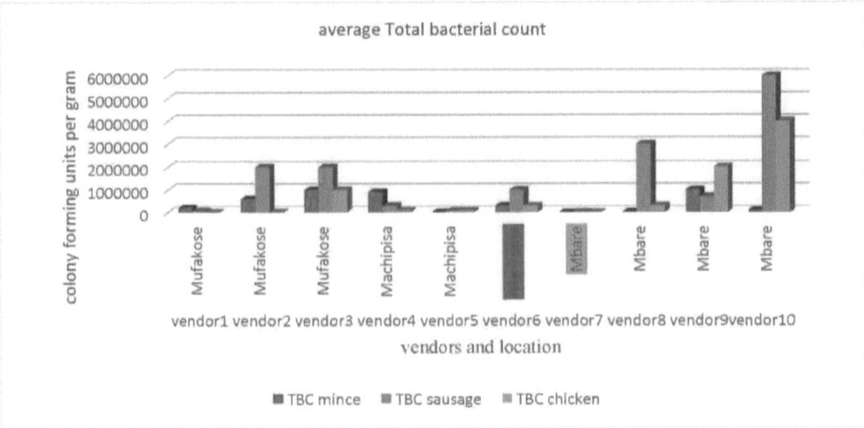

Fig 4: Contagens médias totais viáveis nos produtos à base de carne

Contagem de coliformes totais

Todos os valores são expressos como médias. Em todas as amostras, a TCC variou entre 3,0*10л 3 e 1x10Л6.Vendor nove apresenta a média mais elevada de contagens totais de coliformes.

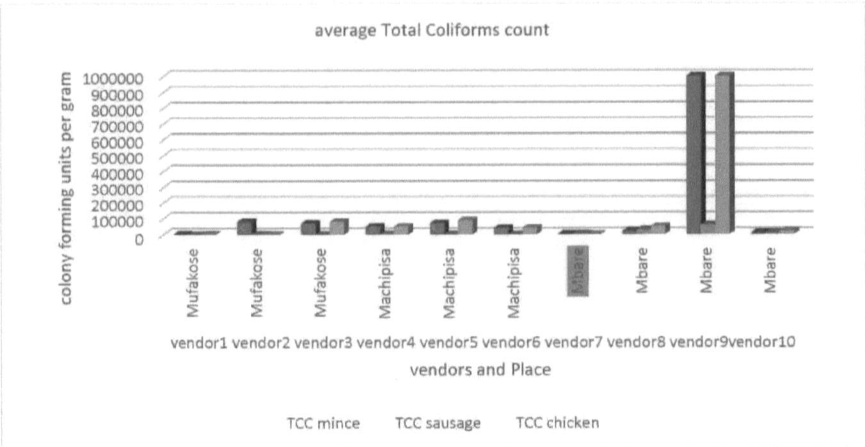

Fig 5: Contagens médias de coliformes totais na carne picada.

Contagem total de E.coli

Todos os valores foram expressos como médias. Em todas as amostras, o TEC variou entre
3.0^10 3-1x10^AA 6.O fornecedor nove apresenta a contagem total de E.coli mais elevada.

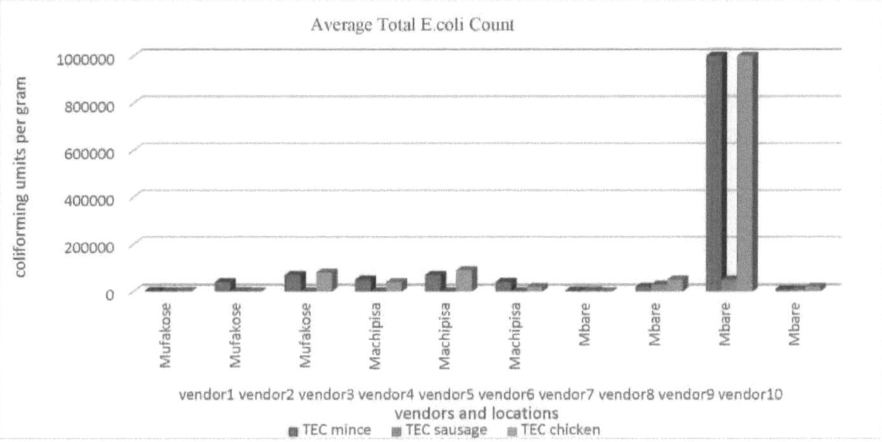

Fig. 6: Contagens médias totais de *E. coli* nos produtos à base de carne.

Discussão

De acordo com o manual de Bergey (Holt, 2014), as bactérias patogénicas oportunistas isoladas de produtos à base de carne eram suspeitas de serem *Staphylococcus aureus, Escherichia coli, Klebsiella pneumoniae, Proteus mirabilis, Citrobacter, Enterobacter* e *Streptococcus faecalis*. Os nossos resultados também são semelhantes a outros relatórios, como os resultados da investigação sobre carne picada vendida na Turquia, que se verificou estar fortemente contaminada com uma variedade de microrganismos e que contém agentes patogénicos que podem causar infecções e intoxicações que podem ser gravemente perigosas para a saúde pública (Sancak *et al.* 1993; Gokmen e Ali§arli 2003; Gonulalan e Kose 2003; Ba§kaya et al. 2004; Gundogan *et al.* 2005).

E. coli, Klebsiella pneumoniae, Citrobacter e Enterobacter são coliformes e a sua presença em qualquer amostra de alimento reflecte contaminação fecal, pelo que não devem ser isolados em amostras de alimentos (Stiles e La, 1981). A presença de coliformes serve como indicação de contaminação fecal devido a condições sanitárias deficientes e ao manuseamento não higiénico da carne durante o processamento ou ao aparato utilizado, que são os materiais, o equipamento e o pessoal (Math e Steel, 2008). Os resultados acima mostram que os vendedores também são responsáveis pela contaminação dos produtos à base de carne, tendo em conta o facto de que todos os vendedores podem ter obtido os seus produtos do mesmo fornecedor, mas a contaminação microbiana dos seus produtos é diferente. *A E.coli* mostra-se dominante, uma vez que a maioria das amostras estava contaminada com ela. Os resultados também mostram que, embora haja contaminação fecal, os vendedores também desempenham um papel importante na causa da contaminação. Nesta investigação, a possível fonte de contaminação são os vendedores, através do manuseamento dos produtos à base de carne durante a embalagem, a ausência de cobertura capilar e a armazenagem dos produtos à base de carne antes e depois da venda. O armazenamento de produtos de carne à temperatura ambiente pode aumentar o crescimento microbiano e alterar o estado químico da carne (USDA, 2O16).

Os vendedores de Machipisa localizavam-se perto das casas de banho públicas no terminal de passageiros. As casas de banho têm geralmente más condições de higiene. Suspeita-se, portanto, que possam ser a fonte de contaminação da carne ou da utilização de água contaminada. Outra fonte de contaminação poderia ser o abate impróprio e não higiénico dos animais. Por conseguinte, os agentes patogénicos encontrados no ambiente, nos intestinos e nas fezes dos animais podem contaminar o resto da carne. *A E. coli* foi a bactéria isolada com maior frequência em todos os produtos cárneos testados. De acordo com o USDA (2015), *a E. coli* é particularmente preocupante na carne moída, especialmente a estirpe *E. coli* 0157:H7, produtora de shiga-toxina. A moagem da carne e a mistura de ingredientes aumentam a superfície de contaminação (USDA, 2015). É também psicrotrófica e sobreviverá mesmo que a carne seja refrigerada (Moyer e Morita, 2007). Em algumas amostras, observou-se que *a E. coli* era в hemolítica em ágar-sangue. Suspeitou-se que esta *E. coli* fosse a estirpe produtora de shiga-toxina (*E. coli* 0157:H7), que é patogénica e fatal em casos graves (Clark, 2015). No entanto, não foi possível confirmar este facto devido a limitações dos recursos laboratoriais.

O *Staphylococcus aureus* e *o Streptococcus faecalis* encontram-se normalmente na pele, em cortes infectados, borbulhas, feridas e no nariz, juntamente com fluidos corporais associados, como o muco e a expetoração. A presença destes agentes patogénicos na carne vendida a retalho é um indicador de manipulação não higiénica da carne, quer durante o abate, quer durante a embalagem ou venda a retalho (Clark, 2015). Quando se multiplicam, estes agentes patogénicos produzem toxinas que são a causa das doenças gastrointestinais (CDC, 2015). *S. faecalis* também é um indicativo de contaminação fecal e a sua presença significa que a carne picada, os enchidos e o frango estavam contaminados e não eram adequados para consumo humano. Noutro estudo realizado em Ancara, na Turquia, Gundogan *et al.* (2005) isolaram *S. aureus* em 14 de 30 amostras de carne de vaca moída. Quando o número de bactérias *S. aureus* excede $10^{\wedge}$ 5 cfu/g de amostra, o potencial de produção de toxinas também aumenta (Bergdoll 1990). Embora o número de *S. aureus* contaminantes possa ser muito baixo, sob condições favoráveis, particularmente em condições de armazenamento acima de 6°C, as bactérias rapidamente se reproduzem e começam a sintetizar enterotoxinas, causando possíveis intoxicações alimentares.

A presença de *Proteus mirabilis* é também uma indicação de contaminação fecal dos produtos à base de carne. Todas as bactérias isoladas são agentes patogénicos oportunistas que causam doenças em pessoas imunocomprometidas. Todas as amostras estavam isentas de *Campylobacter jejuni* e *Salmonella*. Em estudos anteriores, *C. jejuni* não foi detectada em nenhuma amostra de alimentos. Tem sido significativamente associada ao consumo ou manuseamento de aves de capoeira cruas ou não cozinhadas, carnes, leite cru e águas superficiais (Ono e Yamamoto, 1999; Humphreys, 2001; Atanassova *et al.*, 2001a). *Aspergillus niger, Aspergillus flavus, Aspergillus fumigatus, espécies de Rhizopus* e espécies de *Mucor* são fungos ambientais e só podem causar doenças em indivíduos imunodeprimidos. A presença de *Aspergillus flavus*, que está associada à produção de micotoxinas perigosas denominadas aflatoxinas, pode representar um risco elevado para os seres humanos que consomem os produtos à base de carne contaminados com aflatoxinas (que podem causar doenças infecciosas emergentes sem cura que estão a aumentar, como o cancro).

O TBC médio do vendedor três (Mufakose) e do vendedor nove (Mbare) estava acima das normas de conformidade e mostra que os produtos à base de carne estavam fortemente contaminados (carga microbiana) em comparação com os outros vendedores, o que pode ser causado por um manuseamento deficiente durante a embalagem e o armazenamento. Este facto mostra também que os vendedores têm um maior risco de constituir um perigo para a saúde do público. A maioria dos vendedores pode manusear a sua carne sem vestuário de proteção ou sem lavar as mãos e a carne que vendem pode não ser de fontes fiáveis. Algumas amostras de alguns vendedores estavam acima da carga bacteriana permitida, que no Zimbabwe TBC deve ser <1x106. Estes vendedores estavam localizados no interior da praça, onde há mais congestionamento e hiperatividade. A venda de carne e de produtos à base de carne ao público constitui automaticamente um perigo para a saúde porque os produtos à base de carne não são próprios para consumo humano. Por conseguinte, presume-se que o nível sanitário da área de estudo influenciou geralmente as cargas bacterianas, independentemente do local.

As contagens recomendadas de coliformes totais devem ser <1x102 e, nesta investigação, o investigador verificou que todas as amostras tinham mais contagens e foram consideradas impróprias para consumo humano. A contagem de coliformes é um indicador fiável de processamento inadequado e contaminação pós-processamento de tais produtos (ICMSF, 1996). Além disso, os coliformes na carne processada podem ser responsáveis por uma qualidade inferior, resultando em perdas económicas, e a sua presença em contagens elevadas pode dar origem a riscos para a saúde pública (Moreno *et al.*, 1997). A contagem total de *E. coli* estava presente em todas as amostras e as amostras são condenadas por estarem contaminadas por fezes, uma vez que a contagem total deveria ser zero. Estudos anteriores efectuados por outros investigadores também apoiam as nossas conclusões. Tekin§en *et al.* (1980) referiram que os números de bactérias totais, *estafilococos*, bactérias coliformes e *E. coli* nas amostras de carne pré-embalada e de produtos à base de carne obtidos em Ancara estavam acima do limite de contagem recomendada para estafilococos, TBC, TCC e TEC. Sancak *et al.* (1993) realizaram um estudo sobre amostras de carne em Van, onde detectaram o número de bactérias aeróbias totais, estafilococos, bactérias coliformes e *E. coli* em intervalos acima das contagens recomendadas. Estas contagens eram elevadas, o que revela a contaminação das amostras analisadas, o que está de acordo com os nossos resultados.

Conclusão

Os resultados desta investigação mostraram que todas as amostras estavam fortemente contaminadas e não cumpriam as normas estabelecidas para a contagem total de bactérias, coliformes, *E. coli* e fungos/leveduras. Os resultados obtidos e a discussão mostram que a carne picada, os enchidos e o frango vendidos nos mercados informais não são adequados para consumo humano. A presença de *E.coli* hemolítica na carne picada, nos enchidos e no frango mostrou que os consumidores correm o risco de contrair doenças de origem alimentar, uma vez que estes microrganismos são considerados altamente patogénicos e podem causar doenças agudas. Os resultados indicam que é necessário que os vendedores adoptem boas práticas de higiene durante o manuseamento, a embalagem, a venda e o armazenamento dos alimentos, de modo a baixar os valores de TBC, TCC e TEC para os padrões recomendados aceitáveis.

Recomendações

Os inspectores de saúde pública da Câmara Municipal de Harare devem efetuar controlos de rotina minuciosos da carne nos estabelecimentos de venda a retalho e encerrar os que não cumprem as normas exigidas. A Câmara Municipal de Harare deve também procurar eliminar os vendedores ilegais, especialmente os que vendem alimentos perecíveis, como a carne, uma vez que representam um grave risco para a saúde da sociedade. Devem ser organizadas campanhas de sensibilização para educar a população de Harare sobre os perigos para a saúde decorrentes da compra e do consumo de carne e de produtos à base de carne provenientes de vendedores, uma vez que a maior parte deles não é segura para consumo humano. É necessário manter boas práticas de higiene na carne em todas as fases da sua produção, transformação e preparação para proteger a saúde dos consumidores. As autoridades competentes devem efetuar controlos oficiais que incluam inspecções e certificação da carne para garantir a segurança alimentar. A carne e os produtos à base de carne não inspeccionados não devem ser autorizados a entrar no mercado alimentar. O público deve valorizar a ética e a moral e exigir carne inspeccionada segura a um custo que possa pagar, e o governo pode criar um ambiente em que a inspeção da carne não aumente substancialmente o custo de produção do produto, de modo a dissuadir esta prática. Em última análise, não se deve encontrar carne não inspeccionada nos mercados formal e informal. Deve ser possível um saneamento adequado em todos os mercados onde se vendem alimentos, o que se consegue mantendo os pontos de venda tão limpos quanto possível, desinfectando sempre as mãos e usando vestuário de proteção. Os talhos e os fornecedores de carne devem dispor de um abastecimento de água limpa e adequada, a fim de evitar a contaminação da carne ao nível da embalagem e do comércio retalhista, e as superfícies de trabalho devem ser desinfectadas a intervalos regulares. Os preços da carne devem ser mantidos a um nível acessível, para que as pessoas deixem de optar por vendedores de carne em vez de talhos. Os consumidores devem defender a cozedura completa da carne, uma vez que a maior parte dos agentes patogénicos são eliminados pelo calor e, como tal, os incidentes de intoxicação alimentar podem ser reduzidos.

Os resultados do estudo devem desencadear mais investigação em todo o país, de modo a gerar dados estatísticos adequados sobre as doenças de origem alimentar entre os zimbabweanos. As bactérias de origem alimentar têm sido uma das principais causas de preocupação tanto nas infecções como nas intoxicações de origem alimentar no Zimbabué e recomenda-se mais investigação. Este estudo também deve reforçar os esforços para implementar o conceito de "Uma Saúde" no Zimbabué, onde as autoridades veterinárias e de saúde trabalham em conjunto para o bem comum em termos de investigação, regulamentação e implementação da Lei de Saúde Pública.

Referências

Adak GK, Meakins SM, Yip H, Lopman BA, O'Brien SJ (2005). Disease risks from foods, England and Wales.

Adebayo, C.O., Aderiye, B.I.,and Akpor, O.B. (2014), "Assessment of bacterial and fungal spoilage of some Nigerian fermented and unfermented foods," Academic journals.

Bangure, D., Chirundu, D., Tshimanga, M., Takundwa, L., e Gombe, N., (2012), "Food poisoning among Census Enumerators, Gokwe South, Zimbabwe," International Journal of Epidemiology & Infection.

Betts, G., e Everis, L., (2007), Microbial spoilage of foods, EUA; Campden and Chorleywood Food Research Association.

Centers for Disease Control and Prevention, (2011), Incidences of Food Poisoning Bacteria, Centres for Disease Control and Prevention, (2015), Staphylococcal Food

Poisoning, in disease info staphylococcus in food, EUA.

Chandler, S., (2011), Characteristics of *Salmonella* Bacteria.

Clarence, S.Y., Obinna, C.N. e Shalom, N.C. (2009). Avaliação da qualidade bacteriológica de alimentos prontos a comer (Tarte de carne) na metrópole de Benin City, Nigéria. Jornal Africano de Microbiologia.

Clark, M., (2015), Foodborne Illness: Bactérias e vírus comuns que causam Intoxicação Alimentar.

Clark, M., (2015), "The Economic Impact of Salmonella Infections," Food Poisoning Resources.

Regulamento (CE) n.º 2073/2005 da Comissão, de 15 de novembro de 2005, relativo a critérios microbiológicos aplicáveis aos géneros alimentícios. (2005). JO L 338 de 22.12.2005, p. 1-29

Durbin, C.G (2014).Eficácia e uso de Tabelas e Figuras em Resumos, Apresentações e Artigos Afiliados ao Departamento de Anestesiologia, Sistema de Saúde da Universidade da Virgínia, Charlottesville, Virgínia.

Encyclopaedia Britannica, (2014), *Salmonella* Bacteria,

Documento Corporativo da FAO, (2005), Relatório Final, Conferência Regional da FAO/OMS sobre Segurança Alimentar para África,

Foodsafety.gov, (2015), Food poisoning: *E.coli*,

Food Safety and Inspection Service USDA, (2015), Bacteria that cause food borne illnesses,

Foster, T., (1996), Medical Microbiology 4th edition

Giannella, R.A., (1996), "*Salmonella*," Medical Microbiology 4th edition,

Holt, J.G., (2014), Bergey's Manual of Determinative Bacteriology 7th edition.

ICMSF (2011). Microrganismos em alimentos 8. Utilização de dados para avaliar o controlo de processos e a aceitação de produtos. New York: Springer. 400 S.

IFST (1997) Desenvolvimento e utilização de critérios microbiológicos para alimentos. Food Science and Technology Today, Vol. 11.

Kariuki, S., Onsare, R., Mwituria, J., Ng'etich R., Nafla., Karimi K., Njeruh, F., Irungu, P. e Mitema, E. (2013), Improving Food Safety in Meat Value Chains in Kenya.

Lawrie, R.A. e Ledward, D.A., (2006), Lawrie's Meat Science 7th Ed, Cambridge; Woodhead Publishing.

Lonergan, E. (2005), Lecture notes: Curso avançado de carnes frescas, Ames; Iowa State University.

Markey B., Leonard F., Archambault M., Cullinane A. e Maguire D., (2013), Clinical Veterinary Microbiology 2nd Ed, Nova Iorque; Oxford University Press.

Mboto, C., Agbo, B., Ikpoh, I., Agbor, R., Udoh, D., Ambo, E., e Ekim, M., (2012), "Bacteriology study of raw meat of Calabar Abattoir with public health and veterinary importance, "Journal of Microbiology and Biotechnology Research.

Medic8, (2015), Intoxicação alimentar por frango,

Moyer, C., e Morita, R., (2007), Psycrophiles and Psycrotrophs,

Estratégia Nacional de Saúde para o Zimbabué, (2009-2013).

Newel, D.C., e Fearnley, C., (2015), "Sources of *Campylobacter* Colonization in Broiler Chicken," Journal of Applied and Environmental Microbiology.

Nhari, D.B., (2013), o Sistema de Regulamentação Alimentar no Zimbabué.

N0rrung B., J. K. Andersen e S. Buncic (2009). Main Concerns of Pathogenic Microorganisms in Meat Safety of Meat and Processed Meat (Principais preocupações dos microrganismos patogénicos na segurança da carne e da carne transformada). F. Toldra, ed. (Springer New York), pp. 3-29.

Rendle, R.C. e Keeley, G., (2013), "Chemistry in the meat industry," Animal Products.

Russell, S.M., (2009), Compreender como os produtos avícolas se estragam é fundamental para encontrar formas de detetar e prevenir a deterioração.

Quinn, P.J., (1994), Clinical Veterinary Microbiology, Londres; Wolfe Publishing.

Sanone, A., (2014)

Schelin, J., Carlquist, N., Cohn, M.T., Lindqvist, R., Barker, G.C., Radstrom, P., (2011), "The formation of Staphylococcus aureus enterotoxins in food environments and advances in risk assessment," Virulence.

Siriken, B. (2004). A qualidade microbiana da carne de bovino moída nas províncias de Aydin e Afyon, Turquia. Revisão de Medicina Veterinária.

Sterns, D., (2015), "All you need to know about Listeria," Food Poisoning Journal

Stiles, M.E., e La, L.K., (1981), "Enterobacteriaeceae associated with meats and meat handling," Applied and Environmental Microbiology.

Todar, K., (2014), Todar's Online Textbook of Bacteriology.

Departamento de Agricultura dos Estados Unidos USDA, (2015), Ground beef and Food safety, Organização Mundial de Saúde OMS, (2015), "Estimation of the global burden of foodborne diseases," Food Safety.

Vanderzant, C. e Splittstoesser, D.F., (1992) Compendium of Methods for the

Microbilogical Examination of Foods, Washington D.C.

Yousef, A.H.M., Ahmed, M.K., Yeasmin, S., Ahsan, N., Rahman, M.M., Islam, M.M. (2008). Prevalência da carga microbiana no camarão Penaeus monodon e no camarão Macrobrachium rosenbergii do Bangladesh. Revista Mundial de Ciências Agrícolas.

CAPÍTULO 2

Uma avaliação da contaminação por bactérias entéricas de empadas de carne caseiras e industriais no CBD de Harare: deteção presuntiva de *E.coli*

Resumo

No Zimbabué, existem sistemas de vigilância de doenças, no entanto, a maioria das incidências de doenças de origem alimentar não são frequentemente notificadas ou não são detectadas. As dificuldades económicas no Zimbabué levaram muitas pessoas a aventurar-se em negócios informais e muitas pessoas compram alimentos a vendedores ambulantes devido aos preços mais baixos. Os alimentos prontos a comer, como as empadas de carne, são susceptíveis de contaminação microbiana e os alimentos vendidos na rua tornaram-se um problema de saúde global. Para avaliar a contaminação por bactérias entéricas de empadas de carne feitas em casa e na indústria em Harare, entre novembro de 2017 e fevereiro de 2018, foi examinado um total de 48 empadas utilizando métodos microbiológicos padrão. Foram isoladas quatro espécies bacterianas, nomeadamente *E. coli, Proteus mirabilis, Staphylococcus aureus* e *Klebsiella.* Foram calculadas as taxas de prevalência global dos géneros bacterianos isolados e a *Escherichia coli* apresentou a taxa de prevalência mais elevada de 22,9% (11 de 48 amostras), seguida de *S. aureus* (6,3%). As espécies *Proteus mirabilis* e *Klebsiella* têm uma taxa de prevalência de 4,2%. As contagens de Streptococcus fecais 0 ($<10^1$) estavam dentro dos padrões recomendados em todas as tartes de carne, tanto caseiras como de fabrico industrial. A qualidade microbiológica foi insatisfatória nas empadas feitas em casa, com contagens de coliformes totais e *de E. coli* que variaram entre $2,0 \times 10^2$ e $1,0 \times 10^5$. As empadas estavam contaminadas com bactérias entéricas, o que indica a não aplicação da lei de inspeção e a falta de manutenção de normas relativas à qualidade higiénica das empadas de carne. Este desvio dos padrões de qualidade bacteriológica das tartes de carne representa um risco potencial para os consumidores. A contagem total de coliformes e de *E. coli* nas empadas de carne fabricadas industrialmente foi de 0 ($<10^1$) e eram adequadas para consumo humano. É necessária uma monitorização contínua das condições higiénicas e sanitárias adequadas em cada atividade, desde a pré-preparação até à limpeza, nos alimentos prontos a consumir, tanto caseiros como de venda ambulante. É necessária mais investigação para construir uma grande quantidade de literatura sobre os perigos microbiológicos associados aos alimentos prontos a comer. Conclui-se que as autoridades responsáveis devem tomar medidas para garantir que os padrões de qualidade e segurança alimentar sejam melhorados e cumpridos, de forma a reduzir os riscos para a saúde pública.

Palavras-chave: Contaminação, tarte de carne, bactérias entéricas.

Introdução

A aplicação de programas de segurança dos alimentos é importante para proteger a saúde dos consumidores. O sistema de gestão da segurança dos alimentos (SGSA) é um dos programas que identifica e controla os riscos para a segurança dos alimentos em todas as fases da transformação dos alimentos através de um sistema holístico de controlos (Agência Nacional do Ambiente de Singapura, 2016). O sistema de gestão da segurança dos alimentos abrange três elementos. O primeiro elemento é o sistema de Análise de Perigos e Pontos Críticos de Controlo, que é uma abordagem sistemática que visa três objectivos (identificar, prevenir e reduzir os perigos de origem alimentar) na cadeia de transformação, (Agência Nacional do Ambiente de Singapura, 2016). O segundo elemento é um programa de pré-requisitos que estabelece e mantém um ambiente higiénico através da monitorização diária dos manipuladores de alimentos durante a transformação dos alimentos, da despistagem do pessoal doente que não deve manipular alimentos, do controlo regular de pragas e de procedimentos de prevenção da contaminação cruzada (National environmental Agency of Singapore, 2016). O terceiro elemento do sistema de gestão da segurança alimentar é a manutenção eficiente e exacta da documentação e dos registos para garantir a monitorização eficiente e permitir a rastreabilidade dos perigos até à fonte de contaminação (National Environment Agency of Singapore, 2016). Mas este não é o caso das tartes de carne caseiras, cuja produção pode representar um risco para a saúde dos consumidores. As doenças de origem alimentar são um problema importante nos países em desenvolvimento devido à falta de saneamento e ao relaxamento dos programas de segurança alimentar (Koyange, 2004). . Devido às dificuldades económicas no Zimbabué, muitas pessoas aventuraram-se na produção informal de produtos prontos a comer, tais como a tarte de carne. A tarte de carne é um alimento pronto a comer, composto por massa (farinha) e um recheio de carne e outros ingredientes (Clarkson, 2009, Frenzen, 2005). A tarte de carne é uma boa fonte de proteínas, sódio e hidratos de carbono. A carne é conhecida por ser uma fonte de micróbios patogénicos se não for manuseada de forma higiénica (Board, 1998). O teor de nutrientes da carne proporciona um ambiente propício para os micróbios se multiplicarem rapidamente, aumentarem em número e darem às tartes de carne um prazo de validade de 72-96 horas (Adesiyun, 1995, Lawrie, 1991).

As bactérias que estão principalmente associadas às doenças de origem alimentar são *Clostridium Perfringens, Listeria monocytogenes, Campylobacteria, Salmonella* e *E. coli* (Strockbine et. al, 1986). *A Campylobacter* é a causa mais comum identificada de doenças de origem alimentar e *a E. coli* encontra-se em alimentos mal cozinhados e em alimentos prontos a comer (Strockbine .et.al, 1986). *A Escherichia coli* é uma das centenas de espécies bacterianas que têm casos de doenças relatados em vários países em desenvolvimento, incluindo a África do Sul, Suazilândia, Malawi, República Centro-Africana, Camarões, Nigéria, Costa do Marfim e Quénia (koyange, 2004). *A*

Escherichia coli pode sobreviver em alimentos mal cozinhados. A infeção por este tipo de bactérias patogénicas leva a diarreia hemorrágica e a insuficiência renal (Karch et al., 2005). Muitas nações em todo o mundo, principalmente nos países desenvolvidos, registaram surtos de *E. coli* (Champman, 1994, Griffith, 1991, Mead, 1998).

De acordo com a situação humanitária do Zimbabué comunicada em 31 de março de 2016, 944 casos de estatísticas de diarreia foram provocados por intoxicação alimentar causada por contaminação alimentar durante a transformação dos alimentos. Apenas 55 casos foram confirmados como sendo causados por espécies de Salmonella depois de as pessoas terem comido tartes de carne de vaca e 889 casos não foram confirmados. No entanto, outras causas podem ter origem no manuseamento não higiénico dos alimentos durante a transformação e levar à infeção dos alimentos com bactérias.

A carne é posteriormente transformada em carne picada, o que permite que a contaminação bacteriana da superfície da carcaça se espalhe por todo o produto e que novas bactérias possam ser introduzidas a partir do ambiente, do manuseamento e da transformação (Clarence, 2009). As bactérias espalhar-se-ão para o centro do alimento, onde serão menos facilmente destruídas durante a cozedura (Clarence, 2009). A redução dos agentes patogénicos deve estar disponível durante o processo de produção, como o aquecimento/cozedura (Karch.et.al, 2005). A carne picada também é utilizada na preparação de alimentos prontos a consumir, que incluem empadas de carne, salsichas e hambúrgueres, pelo que devem ser tomadas precauções especiais para evitar a infeção por micróbios patogénicos através da implementação de elementos de segurança alimentar, incluindo os princípios HACCP, programas de pré-requisitos e a manutenção eficiente e exacta da documentação e dos registos, a fim de assegurar a monitorização eficiente do SGSA e permitir a rastreabilidade dos perigos até à fonte de contaminação (Agência Nacional do Ambiente de Singapura, 2016).

As empadas de carne estão contaminadas com microrganismos não introduzidos intencionalmente, o que pode afetar a segurança das empadas de carne. As empadas de carne são susceptíveis de contaminação ao longo da sua cadeia de valor. A presença de bactérias, especialmente organismos entéricos, é uma indicação de práticas sanitárias pouco higiénicas ou deficientes durante a transformação, a embalagem, a armazenagem e a comercialização do produto final. A carne/carne picada utilizada na preparação da tarte de carne pode ser contaminada no processo de abate, uma vez que o gado é considerado o principal reservatório da *E.coli* no trato gastrointestinal, a carcaça fica contaminada através das fezes, (Macharia, 2015, Karch.et.al, 2005). As carnes moídas ou amaciadas são mais arriscadas do que os cortes de carne intactos porque as bactérias podem ser misturadas na carne durante o processo de moagem ou durante a amaciação (Meggie, 2002, Gansheroff, 2000). A contaminação também pode ser causada pelos manipuladores de carne durante o processamento da tarte de carne

(GacGee, 1983, FAO, 1991, Meggie, 2012). O consumo de empadas de carne contaminadas por bactérias entéricas pode resultar em doenças de origem alimentar, especialmente em indivíduos imunocomprometidos. As doenças de origem alimentar, como a diarreia, a febre tifoide, etc., têm vindo a aumentar no Zimbabué e existem instalações de diagnóstico inadequadas, o que leva a uma investigação inadequada dos surtos e à subsequente subnotificação grosseira das doenças de origem alimentar. Os alimentos ou a água continuam a ser o principal veículo de muitas das doenças diarreicas (OMS, 2002). A venda ambulante de alimentos é agora uma prática comum no Zimbabwe e estes vendedores ambulantes não estão licenciados, não têm formação sobre o manuseamento higiénico dos alimentos, têm pouca educação e operam em condições sanitárias deficientes com pouco ou nenhum conhecimento sobre os perigos das doenças relacionadas com os alimentos (OMS, 2002). A avaliação constante da qualidade microbiana dos alimentos prontos a consumir é necessária para garantir que as pessoas estão a consumir alimentos seguros. Os vendedores e retalhistas devem concentrar-se mais nas práticas higiénicas e a sua conformidade com as normas aprovadas deve ser reforçada pelas autoridades reguladoras.

Materiais e métodos

Conceção do estudo e recolha de amostras

Foi realizado um estudo transversal para avaliar a contaminação por bactérias entéricas de empadas de carne feitas em casa e na indústria entre novembro de 2017 e fevereiro de 2018. Foram recolhidas amostras intencionais de 24 empadas de carne caseiras e 24 empadas de carne fabricadas industrialmente. Isto envolve a escolha de pequenas tartes de carne alvo vendidas em supermercados, takeaways e caseiras de vendedores ambulantes. As amostras foram recolhidas aleatoriamente em três zonas do CBD de Harare, nomeadamente Copacabana, Market Square e Fourth. Foram recolhidas aleatoriamente oito amostras em cada um dos locais selecionados, duas amostras em takeaways, duas em supermercados e quatro em vendedores ambulantes de produtos caseiros. As amostras foram replicadas duas vezes para que o número total de amostras testadas fosse 48. As amostras foram compradas e colocadas em plásticos limpos. As amostras foram embaladas numa caixa frigorífica com sacos de gelo e transportadas para o Laboratório Veterinário Central para processamento.

Método

Isolamento e identificação de bactérias entéricas

Foram pesados 10 gramas de cada tarte de carne e colocados em 90 ml de água peptonada. A mistura foi homogeneizada e incubada a 37^0 C e 44^0 C durante 18-24 horas. Após a incubação, inoculou-se uma alçada do caldo em Ágar Sangue e Ágar MacConkey. As placas inoculadas foram incubadas durante 18-24 horas a 37^0 C e 44^0

C. As bactérias entéricas foram identificadas de acordo com a morfologia, a coloração de Gram e os testes bioquímicos, como a motilidade, o indol e o citrato.

Enumeração de *E. coli*, coliformes e Streptococcus fecais 10 gramas de amostras de empadas de carne homogeneizadas, suspensas em 90 ml de solução salina fosfatada tamponada, foram diluídas em série até 10^{-7} . 1 ml de cada amostra foi colocado em ágar MacConkey e incubado a 37^0 C durante 18-24 horas. As colónias suspeitas de coliformes, *E. coli* e *Streptococcus* fecal foram contadas depois de confirmadas através da coloração de Gram e de testes bioquímicos. Os materiais de referência para o controlo da qualidade foram utilizados em paralelo com as amostras testadas e os resultados só foram aceites se os materiais de referência produzissem os resultados esperados.

Análise de dados

A prevalência percentual das bactérias isoladas foi calculada pelo número de vezes que a bactéria foi detectada em relação ao número total de amostras testadas.

Resultados

Isolamento e identificação de bactérias entéricas

Foram isolados quatro géneros de bactérias das empadas de carne compradas aos vendedores ambulantes caseiros e não foi detectado nenhum género bacteriano nas empadas de carne produzidas industrialmente. Foram detectadas espécies de Staphylococcus aureus (S. aureus), E.coli, Proteus mirabilis e Klebsiella em algumas das empadas de carne de vendedores ambulantes caseiros nos três locais diferentes do CBD de Harare. As taxas de prevalência global dos géneros bacterianos isolados foram calculadas e são apresentadas na figura 1 abaixo. Escherichia coli tem a taxa de prevalência mais elevada de 22,9% (11 de 48 amostras), seguida de S. aureus 6,3%. As espécies Proteus mirabilis e Klebsiella têm uma taxa de prevalência de 4,2%.

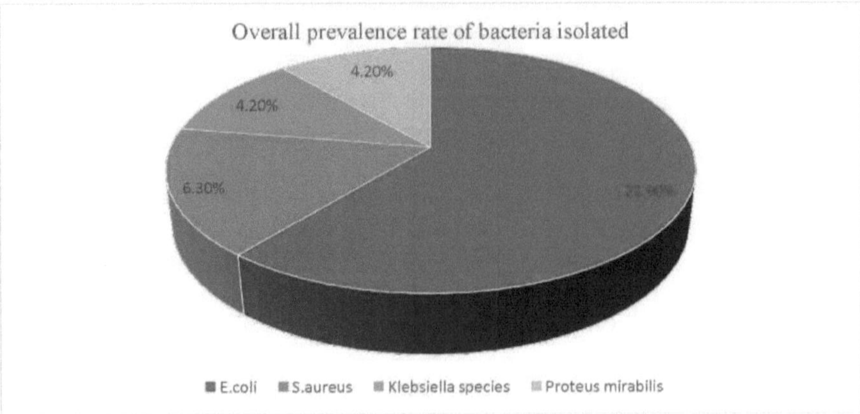

Fig 1: Taxas de prevalência geral de bactérias entéricas isoladas de empadas de carne caseiras.

Enumeração de coliformes, *E. coli* e *Streptococcus* fecais

As contagens de Streptococcus fecal 0 ($<10^1$) estavam dentro dos padrões recomendados em todas as tartes de carne, tanto caseiras como feitas industrialmente. As contagens de coliformes totais e *E. coli* variam entre 2,0 x 10^2 e 1,0 x 10^5 indicando que todas as tartes de carne com estas contagens não eram adequadas para consumo humano. As tartes de carne com contagens eram apenas de tartes caseiras. As contagens de coliformes totais e de *E. coli* das tartes de carne fabricadas industrialmente foram 0 ($<10^1$) e eram adequadas para consumo humano.

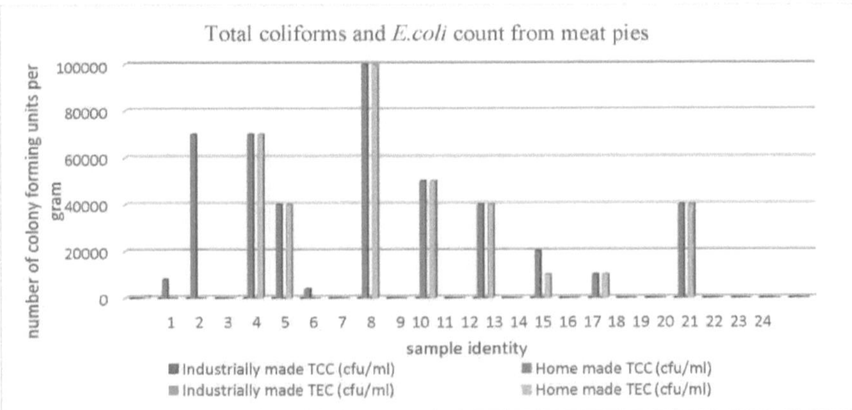

Fig 2: Contagem de coliformes totais e de *E. coli* em empadas de carne caseiras e em empadas de carne produzidas industrialmente

Discussão

Isolamento e identificação de bactérias entéricas de empadas de carne produzidas industrialmente

As bactérias entéricas estavam ausentes em todas as amostras testadas das empadas de carne produzidas industrialmente, o que indica que as empadas de carne estavam isentas das espécies de bactérias procuradas. Os resultados do isolamento e identificação de bactérias entéricas cumprem as normas alimentares recomendadas para consumo humano. Por exemplo, o instrumento estatutário de saúde pública veterinária do Zimbabué diz que bactérias como a *E.coli* devem estar ausentes nas amostras prontas a consumir. As tartes testadas destas tartes formais eram adequadas para consumo humano e isto talvez seja uma indicação de boas práticas higiénicas durante a preparação e a embalagem, bem como o armazenamento, uma vez que as tartes testadas estavam fechadas dentro de papéis de plástico fechados. Assim, não houve contaminação no transporte e venda destas tartes. A partir destes resultados, podemos concluir que as empresas construíram instalações que facilitam a higienização e que os empregados dispõem de equipamento adequado para assegurar a realização bem sucedida dos objectivos de higienização (Doyle, 1987).

Isolamento e identificação de bactérias entéricas de empadas de carne caseiras

A presença de *E. coli* e de outras bactérias entéricas nas amostras de empadas de carne caseiras revela um estado deplorável de más práticas higiénicas e sanitárias utilizadas na transformação, embalagem, armazenamento e manuseamento durante a venda. A presença destas bactérias entéricas é também uma indicação de contaminação das empadas de carne caseiras através de más técnicas de higiene de manuseamento, desde a transformação da matéria-prima até ao produto acabado e ao manuseamento durante a venda (Frenzen, 2005, Kango, 2015). Normalmente, a presença de *E. coli* é uma indicação de contaminação fecal das fontes de água que foram utilizadas no processamento destes produtos alimentares e de contaminação através do manuseamento das tartes durante a produção, embalagem, venda e subprocessamento, o que deixará os organismos das matérias-primas sem serem destruídos (Kango, 2015, Doyle, 1999). Escherichia coli, S. aureus, Proteus e Klebsiella são flora normal de animais e humanos e a sua presença em empadas de carne indica que as empadas de carne foram excessivamente manuseadas (OMS, 2002). Os resultados deste estudo estão de acordo com outras pesquisas (Okonko et al., 2009, Ezeh et al., 2017) onde todos detectaram *E.coli* e *S. aureus* em alimentos de origem animal. Estas espécies bacterianas têm sido

implicadas em infecções de origem alimentar em todo o mundo. As bactérias também estão presentes no corpo humano e podem ser introduzidas durante a transformação das tartes de carne, embalagem, armazenamento e manuseamento pelos vendedores e clientes durante a venda.

Enumeração de *E.coli*, coliformes e *Streptococcus* fecais em empadas de carne produzidas industrialmente

As contagens foram <1,0 x 10^{π} 1 (zero), o que significa que as bactérias estavam ausentes e estavam em conformidade com as normas de contagem de 0 unidades formadoras de colónias por grama (ufc/g) para *E. coli* e *Streptococcus faecalis* e $<10^2$ ufc/g para contagem de coliformes (Frenzen, 2005). Os resultados da investigação mostram que as empadas de carne de produtores comerciais têm menos probabilidades de serem contaminadas devido a boas práticas de higiene durante o fabrico e a venda, mas a dimensão da amostra era pequena e é necessário realizar mais estudos.

Enumeração de *E.coli*, coliformes e *Streptococcus* fecais em empadas de carne caseiras

Todas as empadas de carne caseiras estavam dentro das contagens recomendadas de Streptococcus fecal (0 ou $<10^1$). Algumas empadas de carne caseiras têm contagens totais de coliformes e de *E. coli* acima dos limites recomendados de $<1,0^{x}$ 102 e <1,0 x 101, respetivamente, tornando-as impróprias para consumo humano. As contagens de coliformes e *E.coli* são indicadores fiáveis de processamento inadequado e contaminação pós-processamento de empadas de carne caseiras (ICMSF, 1996). Os nossos resultados também estavam de acordo com outros resultados de investigação feitos na África Austral e em todo o mundo. As contagens elevadas de coliformes e *E.coli* são uma indicação de contaminação fecal em empadas caseiras devido a técnicas de higiene de manuseamento deficientes, desde a matéria-prima de processamento até às empadas de carne acabadas e fontes de água contaminadas com fezes utilizadas no processamento das empadas de carne. As empadas de carne caseiras e a venda ambulante no CBD de Harare mostraram claramente um estado inaceitável das empadas de carne consumidas pelas pessoas em Harare. Os fabricantes e vendedores de empadas de carne caseiras devem praticar boas técnicas de saneamento e de manuseamento de alimentos para se protegerem contra os riscos de doenças. Os alimentos prontos a consumir, como as empadas de carne, foram considerados a principal causa de doenças transmitidas por alimentos, como as infecções por *E. coli* O157: H7, e foram relatadas pela primeira vez em surtos nos Estados Unidos da América em 1991 (CDC, 2005, CDC, 2006). Tanto a água potável como as águas de recreio têm sido fontes de *E. coli* O157: H7 que causaram surtos de doenças humanas (Doyle e Padhye, 1989). Também foram comunicados numerosos surtos de *E. coli* O157: H7 resultantes do contacto com gado ou com o seu estrume em quintas, feiras e jardins zoológicos (CDC, 2005).

Conclusão e recomendação

As empadas de carne produzidas industrialmente e testadas estavam isentas de bactérias entéricas e eram adequadas para consumo humano, uma vez que seguiam as normas adequadas de fabrico e de higienização das embalagens e, mais uma vez, eram servidas quentes em supermercados e takeaways. Ao contrário das empadas dos vendedores ambulantes caseiros, que estavam contaminadas com bactérias entéricas e algumas eram contadas para além das normas recomendadas. Algumas empadas de carne de vendedores ambulantes caseiros não eram adequadas para consumo humano $>10^1$ e $>10^2$ para *E.coli* e coliformes, respetivamente. Não podemos excluir totalmente a possibilidade de infeção pelos agentes patogénicos bacterianos procurados em empadas de carne produzidas industrialmente porque o tamanho da amostra era pequeno e, ao mesmo tempo, as amostras foram recolhidas de fabricantes formais com um HACCP documentado e seguido. A higiene alimentar rigorosa, a higiene pessoal e a higiene do ambiente, a utilização de água limpa, a cozedura adequada e as instalações e técnicas de armazenamento limpas são importantes para evitar a propagação de agentes patogénicos bacterianos entéricos em casa, nos supermercados, nas lojas de conveniência e nas indústrias que fabricam produtos de carne prontos a consumir. Os vendedores ambulantes de produtos caseiros precisam de ser educados sobre as formas de reduzir a contaminação dos seus produtos. Os vendedores ambulantes de produtos caseiros devem adotar práticas higiénicas durante a produção, a embalagem, a armazenagem e o manuseamento durante a venda, centrando-se na prevenção da contaminação das empadas de carne.

Referência

Doyle MP, Evans PD (1999). Food borne pathogens of recent concern, segunda edição.

Doyle, M. P. (1991). Escherichia coli O157: H7 e sua importância nos alimentos. International Journal of food Microbiology.

Doyle, M. P. e Padhye, V. V. (1989). Escherichia coli O157: H7 em carne processada e produtos cárneos.

Doyle, M. P., (1987) Isolation of Escherichia coli O157: H7 from retail fresh meat and poultry. Applied Environmental Microbioogy.

Griffin, P.M. (1994) Escherichia coli O157: H7 e outras Escherichia coli enterohemorrágicas.

Umoh, J.U. (2001). Uma visão geral dos possíveis pontos críticos de controlo de produtos de carne de bovino prontos a comer no Norte da Nigéria. Conferência internacional sobre alimentação e segurança, centro de conferências de Ibadan, Nigéria.

Kago John Macharia, (2015). Avaliação da contaminação da carcaça de carne de bovino com E.coli 0157:H7 pós-abate no Quénia.

Clevence SY, Obinna CN, Shalom N.C (2009). Avaliação da qualidade bacteriológica de alimentos prontos a comer na metrópole de Bernin City, Nigéria

Marggie GacGee, H;B Wells, J.G, Davis, B.R, Helbert, R.J, 01 cott, E.S, Johnson, L.M Harggrett,N.T, PA e Cohen, M.L (1983). Colite hemorrágica associada a um serótipo raro de Escherichia coli.

Karch H, Tarr P, Bielaszewska M (2005) "Enterohaemorrhagic Escherichia coli in human medicine.

Tamparo, Carol (2011), Quinta Edição: Diseases of the Human Body (Doenças do corpo humano), Philadelphia PA: F.A. Davis Company.

Lisa.J. Gansheroff, Alison D.O. Brain (2000) Escherichia coli 0157:H7 em bovinos de carne apresentados para abate nos EUA: taxas de prevalência mais elevadas do que as estimadas anteriormente.

Centros de Controlo e Prevenção de Doenças (2005). Surtos dc Escherichia coli O157: H7 associados a jardins zoológicos - Carolina do Norte, Flórida e Arizona, 2004 e 2005. Morbidity Mortality Weekly Report 54: 1277-1280.

Centros de Controlo e Prevenção de Doenças (2006). Surto multiestatal em curso de infecções por Escherichia coli serotipo O157: H7 associadas ao consumo de espinafres frescos - Estados Unidos. Morbidity Mortality Weekly Report 55: 10451046.

Karch H, Tarr P, Bielaszewska M (2005). "Escherichia coli entero-hemorrágica na medicina humana. Int J Med Microbiol

Tamparo, Carol (2011). Quinta Edição: Diseases of the Human Body [Doenças do corpo humano]. Philadelphia, PA: F.A. Davis Company.

O'Brian .A.D., Newland .J.W, Miller S.F, Holmes .R.K, Smith .H.W, Formal. S.B (1984). "Fagos de conversão de toxinas semelhantes a Shiga de cepas de Escherichia coli que causam colite hemorrágica ou diarreia infantil". Science.

Strockbine NA, Marques LR, Newland JW, Smith HW, Holmes RK, O'Brien AD (julho de 1986).Dois fagos de conversão de toxinas da estirpe 933 de Escherichia coli O157:H7 codificam toxinas antigenicamente distintas com actividades biológicas semelhantes.

AmbreenaIlyas, MehwishIqtedar(2012).Páginas 84 ,Editora LAP Lambert Academic Publishing. Prevalência de E.Coli 0157: H7 em Shawarma retirado de diferentes áreas.

Lisa.J.Gansheroff ,AlisonD.O.Brain (março de 2000) *Escherichia coli* O157:H7 em bovinos de carne apresentados para abate nos EUA: Taxas de prevalência mais elevadas do que as estimadas anteriormente

CAPÍTULO 3

ISOLAMENTO E PERFIL ANTIMICROBIANO DE BACTÉRIAS PATOGÉNICAS EM PEIXES VENDIDOS EM MERCADOS INFORMAIS EM MUFAKOSE, HARARE.

Resumo

O número de infecções causadas por bactérias resistentes a antibióticos está a aumentar em todo o mundo. Bactérias resistentes a antibióticos são encontradas na maioria dos ambientes, especialmente em águas altamente antropizadas. Por conseguinte, os peixes são potenciais disseminadores da resistência antimicrobiana (RAM). O acima exposto exigiu a realização de testes de suscetibilidade de bactérias isoladas de 36 amostras de peixe do mercado informal em Mufakose, Harare. Foram isolados três géneros bacterianos (*Escherichia, Aeromonas e Proteus*) e testados quanto à resistência a nove antibióticos (Gentamicina, Neomicina, Lincomicina, Canamicina, Penicilina, Eritromicina, Cloxaxilina, Sulfametaxol e Ampicilina). Entre os isolados, *Escherichia spp.* foi isolada com maior frequência (66,7%), seguida de *Aeromonas spp.* (25%) e *Proteus spp.* teve a menor taxa de prevalência (8,30%). Todos os isolados eram susceptíveis à Gentamicina, mas apresentavam resistência à Lincomicina, à Ampicilina e à Eritromicina. O índice de resistência múltipla aos antibióticos (MAR) de todos os isolados mostrou que a bactéria foi isolada de uma fonte de alto risco, uma vez que o índice (MAR) era superior a 0,2. Pode concluir-se que os organismos isolados, especialmente *a Escherichia coli*, um indicador de contaminação fecal, representam um risco elevado para a saúde humana. Estes resultados significativos exigem modelos eficazes de avaliação de riscos e planos de gestão que protejam a saúde humana e o ambiente em geral.

Palavras-chave: Antibióticos, teste de suscetibilidade, peixe, mercado informal.

INTRODUÇÃO

Em muitos países, o peixe provou ser uma boa fonte de alimento. É essencial para o fornecimento de proteínas de alta qualidade. De acordo com a FAO (2007), o peixe é a fonte individual mais importante de proteína de alta qualidade, fornecendo cerca de 16% da proteína animal consumida pela população mundial. Em África, o peixe constitui cerca de 17% da proteína animal consumida (FAO, 2000; Allison *et al.*, 2009). O peixe não é rico em gordura saturada e é uma boa fonte de ácidos gordos essenciais, os ácidos gordos ómega 3, que não podem ser sintetizados pelo corpo humano. Estes são importantes na prevenção e tratamento de doenças como a inflamação, distúrbios digestivos e diabetes (Fosbery, 1997). A outra vantagem do peixe é a sua elevada digestibilidade e outras propriedades, tais como baixos níveis de colesterol e baixo teor de gordura, tornando-o adequado para bebés, crianças e idosos. É relativamente barato quando comparado com outros produtos de carne, como a carne de vaca e de aves, o que o torna acessível à maioria das pessoas.

Do ponto de vista da microbiologia, o peixe e os produtos relacionados constituem um grupo de géneros alimentícios de risco. O peixe alberga importantes bactérias patogénicas para o homem, como a *Escherichia*,

Listeria, Pseudomonas, Klebsiella, Salmonella, etc. As infecções podem resultar da manipulação e do consumo de peixe mal ou mal cozinhado. A maioria das pessoas é infetada através do contacto ao manusear a água ou outros componentes dos ambientes onde vivem os peixes. O desenvolvimento de doenças infecciosas é também marcadamente afetado pelo estado fisiológico do consumidor, particularmente pela depressão imunitária e pelo stress no caso do VIH/SIDA (Rastogi, 2007).

Há muito que a água serve de veículo para a transmissão de doenças. Banquero *et al.* (2008) descreveram os sistemas aquáticos como reactores genéticos ou hotspots para genes AMR onde podem ocorrer trocas genéticas e recombinações significativas, que podem moldar a evolução de futuros perfis de resistência. As bactérias adquirem resistência quer através de mutações no seu material genético, quer através de um processo designado por transferência horizontal de genes, que ocorre através de três mecanismos principais, nomeadamente: a absorção direta de ADN do ambiente (transformação), a transferência mediada por fagos (transdução) e o contacto direto entre células (conjugação) (Davidson, 1999). A resistência aos antibióticos pode ser conferida por via cromossómica ou genética móvel e alcançada através de quatro estratégias principais, nomeadamente: redução da permeabilidade das membranas aos antibióticos, inativação dos fármacos, efluxo rápido dos antibióticos e mutação do alvo celular (Levy e Marshall, 2004; Baker-Austin et al., 2006).

Devido à troca de genes de resistência, as bactérias não patogénicas podem tornar-se hospedeiras de genes de resistência potencialmente perigosos, o que pode resultar no desenvolvimento de bactérias multirresistentes (Davidson, 1999). Uma grande parte da troca de genes de resistência tem lugar no trato gastrointestinal (Levy e Marshall, 2004). Após a excreção, as bactérias potencialmente resistentes acabam no ambiente e perto de produtos alimentares de origem animal. Estes produtos alimentares são uma fonte importante de infeção humana, provocando assim um aumento da utilização de antibióticos, o que favorece o aparecimento de resistência antibacteriana (Aminov, 2010).

O número de infecções causadas por bactérias resistentes aos antibióticos está a aumentar em todo o mundo (Levy e Marshall, 2004). Algumas infecções bacterianas, por exemplo, a salmonelose, não requerem tratamento. No entanto, se a infeção for grave ou invasiva, é comum administrarem-se medicamentos antimicrobianos (Levy e Marshall, 2004; Baker-Austin et al., 2006). Além disso, a utilização excessiva de medicamentos antimicrobianos para prevenir ou tratar infecções na medicina humana e veterinária contribui para o aumento da frequência e da disseminação da RAM (OMS, 2007).

Os tratamentos com medicamentos antimicrobianos criam uma seleção inevitável de bactérias resistentes. Quando resistentes, as bactérias sobrevivem e multiplicam-se, criando bactérias ainda mais resistentes. Apesar de uma restrição na utilização de antibióticos, o problema da resistência continuará a existir. Pensa-se que a resistência aos medicamentos em isolados provenientes da vida selvagem, que não são influenciados por pressões selectivas de medicamentos antimicrobianos, é baixa. No entanto, Levy e Marshall (2004) propuseram que a forma mais rápida de eliminar as bactérias resistentes é superá-las em número com bactérias sensíveis.

As bactérias nos peixes tornam-se, geralmente, patogénicas quando os peixes estão fisiologicamente desequilibrados, quando existe uma deficiência na nutrição ou quando existem outros factores de stress, tais como a má qualidade da água e o excesso de animais. As bactérias patogénicas são classificadas como indígenas ou não indígenas. As bactérias patogénicas comuns nos peixes incluem *as espécies Aeromonas*, que são omnipresentes na água em ambientes de água doce (Ibrahim et al., 2014). Os mesmos autores acrescentaram ainda que as bactérias indígenas que *incluem Aeromonas, Cloristidium* e *Vibrio* estão amplamente distribuídas em ambientes aquáticos nas zonas tropicais quentes (>15° C) e em ambientes estuarinos. A sobrevivência das bactérias *Salmonella, E. coli e Shigella* na água depende de muitos parâmetros, tais como factores biológicos (interações com outras bactérias) e físicos, como a temperatura. A ocorrência de bactérias não indígenas como *E. coli, Salmonella* e *Shigella dysenteriae* nos peixes resulta normalmente de contaminação fecal.

Consequentemente, tem sido fortemente recomendado o estabelecimento de programas para monitorizar a utilização de agentes antimicrobianos e a ocorrência de resistência antimicrobiana nos animais destinados à alimentação humana, nos alimentos e nos seres humanos (Alonso *et al.*, 2001). Este processo foi iniciado em alguns países; no entanto, um dos principais obstáculos tem sido a falta de coordenação e de normalização, quer ao longo do tempo, quer entre países, o que complica as comparações. O aparecimento de resistência aos antibióticos entre as bactérias de origem animal suscitou uma preocupação considerável devido ao potencial de transferência de agentes patogénicos resistentes e de bactérias comensais para a população humana (Gilbert, 1983). A segurança do consumo de peixe proveniente do mercado informal não é conhecida, o que representa um risco para a saúde humana. O principal objetivo deste estudo foi isolar e identificar bactérias do peixe do mercado informal de Mufakose e determinar o nível de resistência a nove antibióticos.

MATERIAIS E MÉTODOS

Recolha de amostras

Os peixes foram comprados a vendedores em Mufakose e foram recolhidos em sacos de plástico esterilizados, etiquetados com as identidades derivadas do local de recolha. As amostras de peixe foram transportadas para o laboratório em caixas frigoríficas, onde foram armazenadas numa câmara fria (4-8^0 C) por um período não superior a 24 horas antes da análise. As amostras foram recolhidas dos vendedores por amostragem aleatória.

Tamanho da amostra

Inicialmente, foram colhidas 12 amostras de peixes com intervalos de uma semana, o que foi repetido três vezes para perfazer o número total de 36 amostras.

Áreas de estudo

Mufakose e Laboratório Veterinário Central para análise.

Cultura de bactérias em geral

Foram cortados 10 g de peixe em pedaços pequenos, colocados num frasco rotulado com água peptonada e homogeneizados. O homogenato foi semeado com uma ansa em ágar-sangue e em ágares MacConkey, Skirrows e *Campylobacter* para *Vibrio* e *Campylobacter* (Quinn *et al.*, 2002). As placas semeadas foram incubadas aerobicamente e anaerobicamente a 37^0 C durante 24 horas. Para *Campylobacter,* foram utilizados frascos de *Campylobacter* e saquetas geradoras de gás (Quinn *et al.*, 2002).

Cultura para *Listeria*

Foram cortados 10 g de peixe e colocados em caldo seletivo para *Listeria* e incubados durante 24 horas a 37^0 C. Após a incubação, o caldo foi semeado em ágar *Listeria* e incubado durante 24 horas a 37⁰ C (Quinn *et al.*, 2002).

Cultura de *Salmonella*

Foram cortados 10 g de peixe e colocados em água peptonada tamponada (BPW) e incubados durante 24 horas a 37⁰ C. Após a incubação, 1 ml do homogenato foi titulado em Rappaport Vasiliadis (RV) e incubado durante 24 horas a 37⁰ C. No terceiro dia, uma alçada da amostra foi semeada em Xilose lisina desoxicolato (XLD) (Quinn *et al.*, 2002).

Caracterização bioquímica das bactérias isoladas

Para identificar as bactérias, foi efectuada uma série de testes bioquímicos, tais como oxidase, motilidade, indol, citrato, lisina descarboxilase, urease, TSI, etc., e uma série de açúcares.

Perfil de antibióticos

Foram selecionadas pelo menos 4-5 colónias bem isoladas do mesmo tipo morfológico a partir de uma cultura pura e esfregadas com uma zaragatoa de algodão estéril (Quinn *et al.*, 2002). As colónias foram transferidas para a água peptonada tamponada e as bactérias emulsionadas. A PW inoculada foi então incubada a 37° C durante 2 horas, de modo a aparecer uma turvação ligeiramente visível, sendo depois removida (Quinn *et al.*, 2002). Mergulhou-se outra zaragatoa estéril na suspensão de PWB, pressionou-se a zaragatoa contra as paredes do frasco de bijoux acima do nível do líquido para remover o excesso de líquido. A zaragatoa foi então espalhada em 3 direcções diferentes sobre a superfície de uma placa de MHA, de modo a obter uma inoculação uniforme e bem distribuída. A placa inoculada foi deixada em repouso para que o inóculo pudesse secar. O dispensador de discos de antibiótico foi retirado do frigorífico e deixado na bancada durante 15 minutos à temperatura ambiente. O dispensador de discos foi utilizado para aplicar os discos na placa inoculada (instruções de dispensa de discos fornecidas com o kit). Para assegurar o contacto completo com o ágar, os discos foram suavemente pressionados com uma pinça estéril. As placas foram incubadas a 37OC durante 24 horas, 15 minutos após a aplicação (Quinn *et al.*, 2002). A sensibilidade aos antibióticos foi verificada medindo a zona de inibição (zona livre) a partir da parte de trás da placa até ao mm mais próximo, utilizando uma régua ou um paquímetro. As bactérias foram registadas como sensíveis (S), intermédias (I) ou resistentes (R) a cada um dos antibióticos utilizados no teste.

Resistência múltipla aos antibióticos (MAR) entre as bactérias isoladas

O índice MAR, quando aplicado a um único isolado, é definido como ***a/b***, em que "***a***" representa o número de antibióticos a que o isolado era resistente e "***b***" representa o número de antibióticos a que o isolado foi exposto.

Por exemplo, se o isolado foi exposto a doze antibióticos e foi tolerante a seis antibióticos, o índice para o isolado seria 6/12 ou 0,50 (Liberto *et al.*, 2007). Considera-se que o valor do índice MAR superior a 0,2 é originário de fontes de contaminação de alto risco, como seres humanos, explorações avícolas comerciais, suínos e gado leiteiro, onde os antibióticos são utilizados com muita frequência. O valor do índice MAR inferior ou igual a 0,2 é considerado a origem da estirpe a partir de animais em que os antibióticos são raramente ou nunca utilizados.

RESULTADOS

Isolamento e identificação de bactérias

As bactérias isoladas foram *E. coli*, *Aeromonas spp.* e *Proteus mirabilis*, que foram identificadas utilizando propriedades morfológicas, uma série de testes bioquímicos e açúcares. *A E. coli* foi isolada em 24 das 36 (66,7%) amostras de peixe. *Aeromonas spp.* foi identificada em 9 de 36 amostras de peixe (25%) e *Proteus mirabilis* foi isolado em 3 de 36 amostras de peixe (8,3%).

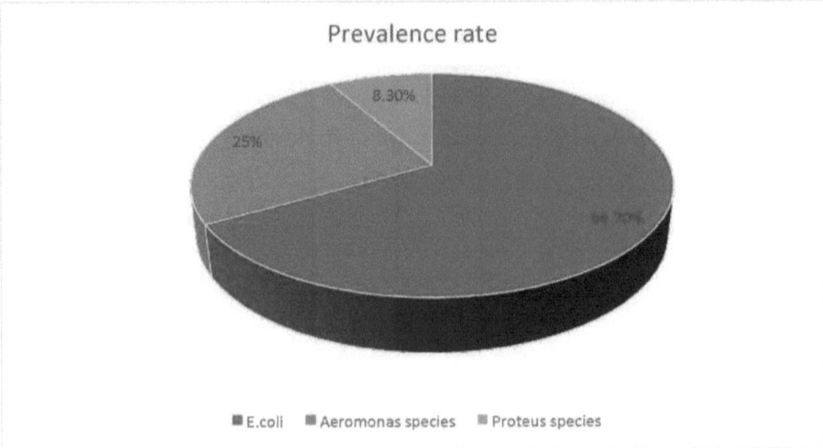

Fig. 1. Taxa de prevalência de três géneros de bactérias isoladas

Testes de suscetibilidade e resistência antimicrobiana

Todos os isolados identificados eram susceptíveis à Gentamicina e todos eram resistentes à Lincomicina, à Ampicilina e à Eritromicina.

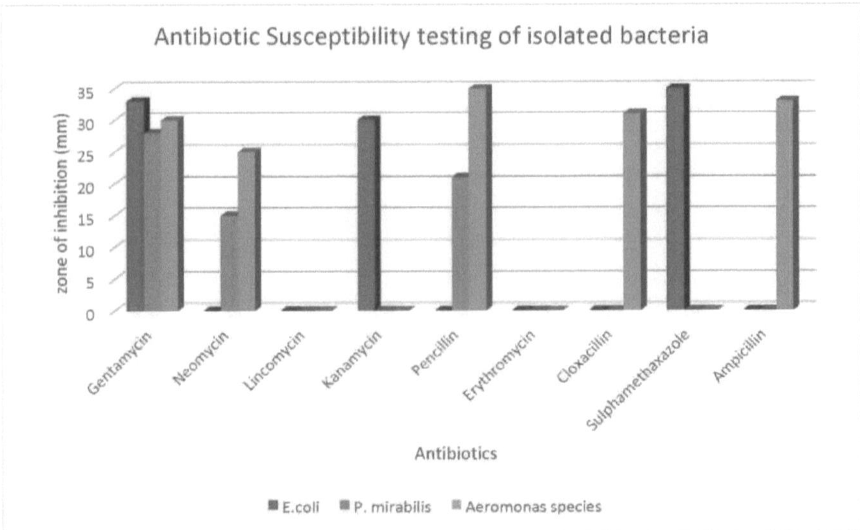

Fig. 2. Diâmetro médio da zona de inibição (mm) dos antibióticos contra as bactérias isoladas.

Tabela 1. Índice MAR das bactérias isoladas

Organism	**MAR**
E. coli	6/9=0.66667
P. mirabilis	6/9=0.66667
Aeromonas spp.	5/9=0.55556

O índice MAR de todos os isolados apresenta valores superiores a 0,2. *Escherichia* e *Proteus* têm um índice MAR de 0,66667, enquanto o de *Aeromonas* é ligeiramente inferior, registando 0,5 (quadro 1).

DISCUSSÃO

Isolamento e identificação de bactérias

A maioria dos surtos de intoxicação alimentar associados ao peixe resulta do consumo de peixe cru ou insuficientemente tratado termicamente, que pode estar contaminado com bactérias provenientes do meio aquático (*Vibrio spp.*, *C. botulinum*) ou de fontes terrestres (*C. perfringens*, *Salmonella spp.*, *Shigella spp.*, *Staphylococcus spp.*, *V. cholerae*), ou de produtos à base de peixe recontaminados após o processamento térmico. Em caso de falta de higiene, a contaminação do peixe e dos produtos à base de peixe pode aumentar devido a procedimentos não higiénicos, à rotação das tarefas atribuídas aos trabalhadores, ao manuseamento e aos microrganismos transportados pelo ar durante o acondicionamento do produto.

A partir deste estudo, a presença de *E. coli* hemolítica pode causar diarreia principalmente em crianças e indivíduos imunodeprimidos. A presença de *E. coli* nos alimentos é uma indicação clara de poluição fecal, quer de seres humanos quer de animais. Em Harare, existe um problema grave de gestão dos esgotos, em que os responsáveis da cidade descarregam esgotos em bruto nos rios. Há também um problema de rebentamento de canos de esgotos, que faz sair dos subúrbios de alta densidade esgotos brutos e não tratados. O destino final dos esgotos é o lago Chivero, onde se realiza a maior parte das actividades de pesca. O peixe é contaminado pelos esgotos e pelas más técnicas de manuseamento dos vendedores.

Não foram isoladas quaisquer outras espécies de bactérias. A infeção por Salmonella transmitida por peixes ocorre apenas esporadicamente (Turnbull e Gilbert, 1982, Gilbert, 1983). De acordo com estes dados epidemiológicos, não foi possível detetar Salmonella em nenhuma das 36 amostras de peixe que foram utilizadas neste estudo. Foi sugerido que a Salmonella não é uma flora bacteriana indígena do peixe; no entanto, foram registados casos ocasionais de presença de Salmonella no peixe. *Proteus mirabilis* é também uma bactéria comensal em animais de corpo quente, pelo que a sua presença pode dever-se a contaminação fecal. *O P. mirabilis* é um agente patogénico de oportunidade que afecta principalmente os indivíduos cujo sistema imunitário está comprometido. A presença de *Aeromonas spp.* indica que os peixes foram infectados no lago. Isto está de acordo com (Quinn *et al.*, 2002), que estipula que as bactérias patogénicas comuns nos peixes incluem *espécies de Aeromonas* que são omnipresentes na água em ambientes de água doce.

Resistência aos antibióticos

O estudo da resistência aos antibióticos em bactérias patogénicas de peixes é importante, uma vez que pode indicar a extensão da alteração dos ecossistemas aquáticos por actividades antropogénicas. De facto, as bactérias aquáticas podem ser indígenas dos ambientes aquáticos ou exógenas, presentes na água de forma transitória e ocasional, em resultado de derrames de superfícies animais, vegetais ou do solo. A resistência das estirpes aos antibióticos pode ser explicada pela possibilidade de utilização intensiva destes compostos em aquacultura, muitos dos quais não são biodegradáveis, aumentando assim a pressão selectiva dos antibióticos na água, facilitando a transferência de determinantes de resistência aos antibióticos entre bactérias aquáticas, incluindo peixes e agentes patogénicos humanos, e permitindo a presença de antibióticos residuais em produtos de peixe e marisco comercializados (Alonso *et al.*, 2001; Alanis, 2005; Seiler e Berendonk, 2012).

Os isolados identificados eram multi-resistentes a vários antibióticos utilizados. De facto, todas as bactérias eram sensíveis à gentamicina. Uma correspondência clara também foi demonstrada por Baquero et al., (2008), que todas as estirpes de *A. hydrophila* eram sensíveis à gentamicina. Os antimicrobianos nas águas residuais são cada vez mais encontrados e têm potencialmente um papel importante no aumento e na seleção da resistência antimicrobiana no ambiente (Alonso *et al.*, 2001; Alanis, 2005). O índice MAR de todos os isolados apresenta valores superiores a 0,2. Por conseguinte, quase todos os isolados provinham de fontes de contaminação de alto risco, como a contaminação fecal-oral. Devido à utilização indiscriminada de antibióticos, os microrganismos podem ter desenvolvido resistência a vários antibióticos.

Conclusão

Os organismos isolados representam um risco elevado para a saúde humana, especialmente *Aeromonas spp.* e *E. coli*, e são possivelmente os que causam os elevados casos de diarreia em Harare, porque *a E. coli* é um organismo indicador de contaminação fecal. A exposição prolongada a antibióticos constitui um problema grave no tratamento de doenças bacterianas, pelo que devem ser inventados novos medicamentos éticos para travar esta elevada resistência aos antibióticos.

Recomendação

Investigação exaustiva da resistência aos antibióticos em bactérias patogénicas isoladas de peixes e corpos de água no Zimbabué. Além disso, as pessoas devem cozinhar cuidadosamente o peixe que trouxeram do mercado aberto para evitar infecções causadas por estes agentes patogénicos e devem ser ensinadas sobre os perigos de comprar peixe a vendedores ou ao mercado aberto. A cidade deve minimizar ou controlar os efluentes de esgotos que entram nos corpos de água para evitar a poluição.

Referências

Alanis AJ (2005). Resistência aos antibióticos: Estamos na era pós-antibiótica? *Archives of Medical Research* 36:697-705.

Allison EH, Perry A, Badjeck MC (2009). Vulnerabilidade das economias nacionais aos potenciais efeitos das alterações climáticas na pesca. *Fish and Fisheries*. 10:173196.

Alonso A, Sanchez P, Martinez JL (2001). Seleção ambiental de genes de resistência a antibióticos. *Microbiologia Ambiental*. 3:1-9.

Aminov RI (2010). O papel dos antibióticos e da resistência aos antibióticos na natureza. *Microbiologia Ambiental.* 11:2970.

Baker-Austin C, Wright MS, Stepanauskas R, McArthur JV (2006). Co-seleção de resistência a antibióticos e metais. *Tendências em Microbiologia*. 14:176-182.

Banquero F, Martrnez JL, Canton R (2008). Antibióticos e resistência a antibióticos em ambientes aquáticos. *Opinião atual em Biotecnologia.* 19:260-265.

Chapman JS (2003). Disinfectant resistance mechanisms, cross resistance, and co-resistance (Mecanismos de resistência a desinfectantes, resistência cruzada e co-resistência). *International Biodeterioration Biodegradation. 51:271-276.*

Davison J (1999). Genetic exchange between bacteria in the environment. *Plasmídeo.* 42:73-91.

FAO (2000). The state of food security in the world. FAO, Roma, Itália.

FAO (2007). Questões sociais na pesca de pequena escala: Como uma perspetiva de direitos humanos pode contribuir para as respectivas pescarias. Apresentação ao Comité das Pescas da FAO n.º 27. Roma, Itália.

Fosbery R (1997). Human Health and Disease. Press Syndicate of the University of Cambridge. Cambridge, Reino Unido.

Gilbert RJ (1983). In: food microbiology advances and prospects, editado por Roberts e FA skinner, Academic Press, Londres.

Ibrahim BU, Baba J, Sheshi MS (2014). Isolamento e identificação de bactérias associadas ao peixe fresco e fumado (*Clarias gariepinus*) na metrópole de Minna, Estado do Níger, Nigéria. *Jornal de Microbiologia Aplicada e Ambiental*. 2(3):81-85.

Levy SB, Marshall B (2004). Antibacterial resistance worldwide: causes, challeng esand respostas. *Nature Medicine* 10(12): 122-129.

Liberto MC, Matera G, Quirino A, Lamberti AG, Capicotto R, Puccio R, Barreca GS (2007). Avaliação fenotípica e genotípica da produção de limo por técnicas microbiológicas convencionais e moleculares Microbiol. Res.

Quinn PJ, Carter ME, Markey BK, *et al.* (2002): General procedures in microbiology, in Clinical Veterinary Microbiology. Third edition. Londres, Inglaterra. p 9-117.

Rastogi SC (2007). Fundamentos de fisiologia animal. Quarta edição. New age international limited, New Delhi.

Seiler C, Berendonk T (2012). Co-seleção de resistência a antibióticos impulsionada por metais pesados no solo e em massas de água afectadas pela agricultura e aquacultura. *Fronteiras em Microbiologia*. 3:399.

Turnbull PCB, Gilbert RJ (1982). Fish and shellfish poisoning in Britain. In: adverse effects of food, editado por Jeliffe EFP e Jeliffe DB, Plenum, Nova Iorque.

OMS (2004). The global burden of disease. uma resposta à necessidade de informação exaustiva, coerente e comparável sobre doenças e lesões a nível mundial e regional.

OMS (2008). Relatório do grupo de referência técnica da OMS, reunião do grupo de diretrizes sobre cuidados pediátricos de VIH/art, Genebra, Suíça.

Organização Mundial de Saúde (OMS) (2007). Antimicrobianos de importância crítica para a medicina humana: categorização para o desenvolvimento de estratégias de gestão de riscos para conter a resistência antimicrobiana devida à utilização de antimicrobianos não humanos: relatório da segunda reunião de peritos da OMS, Copenhaga. 29-31 de maio de 2007.

MIX
Papier aus verantwortungsvollen Quellen
Paper from responsible sources
FSC® C105338

Printed by Books on Demand GmbH, Norderstedt / Germany